PHYSIOLOGIE HUMORISTIQUE

DE

LA GÉNÉRATION

Par PANGLOSS

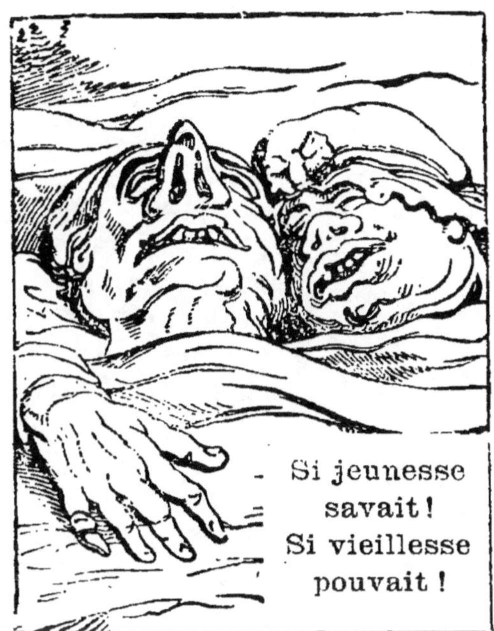

« Vous me dites que vous êtes Père; mais père de
qui, père de quoi; père d'un garçon, père
d'une fille... Ah! je vous reconnais bien là
ne sachant jamais ce que vous faites. »
(Journal Amusant.)

A PARIS

CHEZ HURTAU, A L'ODÉON

DÉDIÉ AUX ÉTUDIANTS

PHYSIOLOGIE HUMORISTIQUE

DE

LA GÉNÉRATION

Par PANGLOSS

« Vous me dites que vous êtes Père; mais père de
qui, père de quoi; père d'un garçon, père
d'une fille... Ah! je vous reconnais bien là
ne sachant jamais ce que vous faites. »
(Journal Amusant.)

A PARIS

CHEZ HURTAU, A L'ODÉON

Paris. — Imprimerie C. Champon, 10 et 12, galerie Véro-Dodat.

PHYSIOLOGIE

DE LA GÉNÉRATION

> « Pour assurer la continuité de la vie,
> pour maintenir l'harmonie du monde,
> la nature a fait de la reproduction le
> besoin le plus impérieux, le penchant
> le plus irrésistible de tout être animé.
> une fois que cet être est parvenu à la
> perfection de son développement. »
>
> (PRUDHON).

1. La FÉCONDATION ou GÉNÉRATION est le résultat de
la *combinaison d'un* OVULE *et d'un* SPERMATOZOÏDE ; —
éléments essentiels du *sperme* et des *ovisacs ou vésicules de De Graaf* — et produits par des glandes
génitales ovoïdes, paires et symétriques : les TESTI-

CULES situés dans les *bourses* (1); les OVAIRES dans l'aileron postérieur du *ligament large*.

(1) D'autres disent les cloches : « Monseigneur, si vous y êtes, comme je pense, donnez, s'il vous plaist, ung peu plus de volée à vos cloches. »

(BALZAC.)

2. Elle a lieu aux périodes d'OVULATION, c'est-à-dire de mise en liberté d'un ovule *(ponte)* par la rupture d'un ovisac (sac à œuf) à maturité — *périodes mensuelles* (environ tous les 28 jours ou mois lunaires) — coïncidant (1) avec une *perte de sang* (2), *règles* (200 à 350 gr.) ou MENSTRUATION (rut) qui dure de 3 à 4 jours et plus.

(1) Coïncidence non absolue, car il peut y avoir conception malgré l'absence totale de menstrues, et menstrues malgré l'absence d'ovulation (ovariotomie).

(2) « La régularité des règles est pour le sexe le thermomètre de la santé et le pronostic de l'aptitude à la génération. » — Accidentellement ce flux périodique peut s'opérer par le nez ou par la bouche (epistaxis, hématémèses ; vomissements aqueux) ou donner lieu à des congestions du cerveau, de la moelle épinière (paraplégies), à des érysipèles, etc.

« Hippocrate recommandait aux femmes qui voulaient avoir des enfants, de cohabiter au commencement ou à la fin de la purgation menstruelle, mais plutôt quand elle dure encore que lorsqu'elle est complétement passée. »

3. La *menstruation*, signe d'ovulation, s'établit de 12 à 16 ans pour disparaître à l'âge critique ou *ménopause* (de 40 à 50 ans).

Aussi « estant âgées et venues sur les cinquante ans, n'ont plus de crainte d'engrosser, et lors ont pleinière et toute ample liberté de se jouer et recueillir les arrérages des plaisirs que, possible, aucunes n'ont osé prendre de peur de l'enflure de leur traistre ventre. »

(BRANTOME).

En revanche « sous les tropiques. les filles sont nubiles et deviennent quelque fois mères dès l'âge de 8 à 9 ans. »

4. L'homme possède toute sa vie le pouvoir prolifique ou fécondant (depuis la puberté).

Néanmois, le fruit d'un mariage trop précoce, trop vieux, ou trop disproportionné, n'est le plus souvent qu'un frêle ou défectueux sujet, car « un vieillard ne peut pas donner plus de vie qu'il n'en possède lui-même, et dans l'adolescence les forces ne répondent pas à la passion. »

« On rencontre fréquemment, dans la pratique, des enfants rachitiques, scrofuleux, phthisiques, imbéciles, épileptiques ou idiots, dont l'état fâcheux, après enquête médicale sévère, ne peut être attribué qu'à la disproportion d'âge de leurs auteurs. En général, plus l'homme se marie tardivement, et plus il recherche une femme jeune. Aucune compensation ne s'établit, et la descendance est exposée à des tares. »

(Legrand du Saule.)

5. La fécondation s'opère « depuis le 1/3 externe de la trompe de Fallope » jusque sur l'ovaire même, suivant le lieu de rencontre des ovules, — et, suivant leur nombre, peut donner lieu à 1, 2, et plus rarement 3 fœtus.

« Une jument ayant pondu par hasard deux ovules fut couverte le même jour par un cheval et un âne ; elle fit un poulain et un mulet bien caractérisés, et non pas deux êtres mixtes. »

« Je m'ébahis, comme au bout du royaume
S'en est allé le compère Guillaume
Sans achever l'enfant que vous portez ;
Car je vois bien qu'il lui manque une oreille.....
— Que dites-vous ? quoi ! d'un enfant monaut
J'accoucherai ! N'y savez-vous remède ?
— Si da, fit-il, je vous puis donner aide.....
— Souvenez-vous de les rendre pareilles,
Reprit la femme. — Allez, n'ayez souci....
— Si cet enfant avait plusieurs oreilles,
Ce ne serait à vous bien besogné !
— Rien, rien, dit-il, à cela j'ai soigné.

(Lafontaine).

6. La conception dure 9 mois en moyenne (1). — Elle est marquée généralement par la disparition des règles, le gonflement des seins, des nausées et vomissements, des changements de goût et d'habitude, etc. (2).

(1) « Et vogue la galée, puisque la panse est pleine......; mais les bestes sus leurs ventrées n'endurent jamais le masle masculant......»

(RABELAIS.)

Mais on fera bien de s'abstenir pendant la gestation, surtout dans les premiers et les derniers mois, car « ce qu'amour peut faire, amour peut le défaire : aussi est-il probable que beaucoup de fausses couches ont pour cause ces excès......... » En tous cas, pour ne pas meurtrir l'enfant, on fera bien de s'y prendre *a retro* (*more canino*), qui est la méthode naturelle...

(2) « La grossesse fait quelquefois faire aux femmes des choses singulières ; il est prudent de ne pas trop s'opposer à leurs désirs. »

7. L'ŒUF A TERME se compose d'une coque trimembraneuse *(caduque, chorion, amnios)* — pleine d'un liquide albumineux *(eaux de l'amnios, 1/2 à 1 litre)* (1) — dans lequel nage un fœtus long de 50 cent. et d'un poids de 3 kil. 1/2 en moyenne (diam. antéro-post^r de la tête : 12 cent. environ), — fœtus rattaché au *placenta* (gâteau) de *l'utérus* par un *cordon* en tire-bouchon, dit *ombilical* (délivre).

(1) « Je suis peu crédule à l'endroit des jeunes filles hydropiques...... Je trouvai une jeune fille de 16 ans qui se tordait dans son lit en proie à de vives douleurs. Je ne m'étais pas trompé dans ma supposition. Après examen, je reconnus une hydropisie.... âgée de 9 mois.... et à terme. »

(Causeries du Dr Joulin).

8. Le fœtus est généralement l'image physique et morale de ses auteurs. Mais son avenir peut dépendre des conditions dans lesquelles il a été conçu.

Ainsi «...... Les enfants conçus pendant un accès aigu d'ébriété, en dehors, bien entendu, des altérations permanentes que détermine l'alcoolisme chronique, sont souvent épileptiques ou idiots. Ces faits avaient été pressentis depuis bien longtemps. Une loi de Carthagène défendait toute autre boisson que l'eau le jour de la cohabitation maritale ; et Amyot dit dans un langage pittoresque et fort expressif, que « l'ivrogne n'engendre rien qui vaille. » .... Ainsi, tandis que l'ivresse n'est chez l'ascendant qu'un accident tout à fait fugitif, elle peut néanmoins fixer par transmission héréditaire une névrose grave, définitive, permanente. »

Legrand du Saule.

Spermatozoïde

SPERMAZOÏDE, SPERMAZOAIRE, ZOOSPERME, ANIMALCULES

OU FILAMENTS SPERMATIQUES

9. Le *sperme* (1) (1 à 8 gr. par éj.) est un liquide épais, *alcalin*, lactescent, visqueux, filant, parfois grumeleux (quand il a séjourné longtemps dans les vésicules séminales), à odeur particulière (d'empois d'amidon, de fleur de châtaigner, de marée...), donnant au linge une teinte jaune et une raideur analogue à celle de l'empois.

(1) « Vere, dit la Beaupertuys au gros cardinal La Balue : la chouse que ayme le Roy n'en est point à recepvoir les *saintes huiles;* puis dit au barbier Olivier le Daim qu'elle demanderoy au roy s'il lui plaisoyt qu'elle se feist la barbe. »

(BALZAC.)

10. C'est un mélange non homogène de *sperma-tozoïdes fécondants* (résultat de l'évolution des ovules

mâles ou cellules spermatiques du testicule) avec un milieu stérile secrété par diverses glandes et canaux, savoir :

1º Le canal déférent (cellules vibratiles) et les *vésicules séminales* (liquide et granulations brunâtres; parfois des synpexions ou plaques grisâtres formées pendant la continence; leucocytes);

2º La *prostate* (liquide blanc, laiteux, filant; granules réfringents d'aspect graisseux, — parfois : calculs);

3º Les *glandes de Copwer* (serum hyalin visqueux, très-filant);

4º Les *glandes de l'urèthre* ou de Littre (mucus, cellules épithéliales pavimeuteuses).

Le sperme contient, en outre, des leucocytes (surtout après la blennorrhagie) et des hématies qui le colorent en rouge (sans conséquence). En refroidissant, il dépose des cristaux caractéristiques de phosphate de magnésie ou *ammoniaco magnésien* (en étoiles, en croix).

Le résidu de la dessication est une matière organique jaunâtre : la *spermatine* coagulable par l'alcool, mais non par la chaleur (ce qui la distingue de l'albumine). Il se gonfle de nouveau au contact de l'eau, reprend sa teinte, devient grumeleux, mou, facile à dissocier, mais non visqueux et filant. On peut y reconnaître les spermatozoïdes même des mois après, à moins qu'ils n'aient été brisés.

Analyse chimique du sperme d'après Vauquelin :

Eau 90
Matières extractives ou spermatine..... 6
Phosphate et chlorhydrate de chaux... 3
Soude 1

11. Le *spermatozoïde* caractéristique du sexe mâle *(isqui piscem emit)* est une petite larve ou anguille vivace, longue de $0^{mm},05$ sur $0^{mm},001$; à tête piriforme et plate ($0^{mm},005$ sur $0^{mm},003$) à queue filiforme, onduleuse et terminée en pointe effilée. Dans une seconde il parcourt à peu près sa longueur $0^{mm},06$. Il progresse à la manière des serpents et nage toujours la tête en avant.

Age. — « Les spermatozoïdes apparaissent vers 15 ans. On en trouve encore chez la moitié des sujets après 60 ans. D'après Girault, après 55 ans, leur tête est plus grosse et la queue plus courte ; ils se ralentissent. Après la mort, ils vivent encore 36 à 48 heures dans les voies spermatiques ».

Nombre. — « Ils sont par milliers, rares ou absents. Dans ce dernier cas, dit-on, la fatigue et les inconvénients du coït seraient beaucoup moindres... » ?

Fréquence. — « Le sperme d'une éjaculation qui suit de près plusieurs autres, ne contient souvent plus de spermatozoïdes ni de liquide prostatique lent à se former. Aussi est-il brun, presque entièrement formé de liquide vésiculaire. »

12. Le spermatozoïde est l'élément essentiel ou

fécondant du sperme. Son absence ou sa destruction sont cause de stérilité.

Expériences avec le sperme et les œufs de grenouille :

1° *Par filtration.* — Les spermatozoïdes restant sur le filtre, la portion qui passe ne féconde pas les œufs ;

2° *Par électrisation.* — Le spermatozoïde électrisé perd sa mobilité : il ne féconde plus les œufs ;

3° *Par séparation directe.* — Le sperme est constitué par deux liquides formés dans des organes distincts : celui du testicule, contenant des spermatozoïdes est fécondant ; l'autre, abondant et transparent, n'en contient pas : il est stérile.

(La grenouille mâle ou l'expérimentateur, doit féconder les œufs au moment de la ponte ou peu après, sans quoi ceux-ci se gonflent et s'altèrent), etc.

13. La présence d'un seul spermatozoïde et un contact purement externe ou même artificiel (injection) peuvent suffire à la fécondation d'un ovule. Les spermatozoïdes seuls montent dans l'organe génital femelle, le reste s'écoule au dehors. Dans l'utérus, leur ascension est aidée par le mouvement des cils vibratiles. Ils peuvent y vivre une semaine entière et attendre au besoin la rupture d'un ovisac (l'ovule).

« Je fus bientôt près du jeune soldat. Il avait une fracture du tibia gauche et la balle ayant ricoché avait traversé le scrotum et emporté le testicule gauche. A peine avais-je fini de panser ce malheureux camarade, que l'estimable matronne accourait à moi pour me prier de venir au secours d'une de ses filles... Une balle Minnié lui avait traversé la paroi abdominale du côté gauche, à une distance à peu près égale de l'ombilic et de l'épine iliaque antérieure... 278 jours juste après, je délivrai cette même jeune fille d'un beau garçon pesant 8 livres. Jugez de l'étonnement et de la mortification de la demoiselle elle-même et de toute sa famille ! Bien que l'examen pratiqué par moi avant l'accouchement m'eût montré l'hymen intact, je n'ajoutai aucune foi aux protestations vives et réitérées de la jeune fille en faveur de son innocence et de sa pureté virginale. Trois semaines environ après cette naissance remarquable, je fus appelé à voir l'enfant dont les parties génitales présentaient quelque chose d'insolite..... J'en fis sortir une balle Minnié écrasée et déformée. — Qu'est-ce à dire?.... Cette balle était identiquement la même que celle qui, le 22 mai, avait fracassé le tibia de mon jeune ami, et qui, dans son état mutilé, lui avait enlevé le testicule, emportant avec elle des particules de semence et de spermatozoïdes dans l'abdomen de la jeune fille, puis traversant son ovaire gauche, était entré dans l'utérus pour la féconder de la sorte. »

    « *The American medical Weckly*, 7 novembre 1874. »
        (Voir *Gaz. Hopit.* 75, n° 57).

— Le croirez-vous? Un jour j'empoissonnai une baignoire. Une jeune fille vint s'y baigner. Hélas ! neuf mois après, cette vierge ne l'était plus. Sans nous en douter, nous avions commis un crime : moi en versant le poisson ; elle en le consommant,

— car l'eau tiède est bon conducteur des spermatozoïdes, et ces gredins avaient franchi les thermopyles pour aller bâtir sur l'ovaire. Aussi maintenant si vous ne voulez pas vous exposer à noyer votre réputation, prenez des bains froids, acides ou électriques. PANGLOSS.

14. Les spermatozoïdes exigent pour vivre un milieu légèrement alcalin et tiède.

Leurs mouvements sont favorisés (ou rétablis) par des solutions modérément alcalines, le sang des règles et une température de 38 à 40°. — Ils sont arrêtés par l'eau froide, par les solutions acides (eau vinaigrée, urines de l'homme ; mucus vaginal acide) ; par les solutions très-étendues de sucre, d'albumine ou de glycérine ; par les narcotiques (alcool, ether, chloroforme....), enfin par une température trop basse ou trop élevée. L'étincelle électrique les foudroie. Ils résistent au pus.

— « Le sperme éjaculé dans les voies génitales de la femme, doit trouver un milieu alcalin, sans quoi les spermatozoïdes meurent. Or, le mucus vaginal est souvent acide, tandis que le mucus utérin est alcalin. Pour déposer le sperme dans le col de l'utérus, le coït *more bestiarum* est indiqué par la conformation des parties. » FARABEUF.

15. L'absence de spermatozoïdes, leur destruction par les injections d'eau froide ou acide, et les obstacles à leur entrée dans l'utérus entraînent forcément la stérilité.

Stérilité artificielle. — 1° « Ainsi Sanzay moullait au moulin de sa dame sans y faire couler l'eau. » BRANTÔME.

C'est l'*onanisme conjugal* mentionné pour la première fois par la Genèse à propos d'Onan : « *Semen fundebat in terram ne liberi nascerentur.* »

« .... L'homme qui interrompt la fonction génésique par des artifices calculés, éprouve une fatigue, un abbatement complet, accompagné d'une tristesse générale et prolongée.... Chez la femme, une stimulation profonde retentit dans tout l'appareil ; l'utérus, les trompes, les ovaires entrent dans un état d'orgasme : une surexcitation nerveuse persiste. Il se passe alors ce qui aurait lieu si, présentant des aliments à un homme affamé, on les retirait brusquement de sa bouche après avoir ainsi violenté son appétit. Tout le système de la reproduction est tiraillé.... De là des névropathies en grand nombre, des troubles provenant de l'innervation utérine, des polypes, des squirrhes de la matrice, en un mot des dégénérescences de cet organe ; des symptômes hystériques remarqués chez les femmes mariées presque aussi souvent que chez les vierges.... De là aussi certaines aigreurs, certains ressentiments profonds qui, grossissant peu à peu, déterminent ces ruptures scandaleuses dont le vulgaire ignore presque toujours le véritable motif. »

E. Clément.

Paris. — Imprimerie G. Champon, 10 et 12, galerie Véro-Dodat.